LES

TRAVAUX SOUTERRAINS DE PARIS

II

PREMIÈRE PARTIE

LES EAUX

INTRODUCTION

LES AQUEDUCS ROMAINS

PAR

M. BELGRAND

MEMBRE DE L'INSTITUT
INSPECTEUR GÉNÉRAL DES PONTS ET CHAUSSÉES
DIRECTEUR DES EAUX ET DES ÉGOUTS DE PARIS

ATLAS

PARIS
DUNOD, ÉDITEUR
LIBRAIRE DES CORPS DES PONTS ET CHAUSSÉES, DES MINES ET DES TÉLÉGRAPHES
49, QUAI DES AUGUSTINS, 49

1875

PARIS. — IMPRIMERIE SIMON RAÇON ET COMP., RUE D'ERFURTH, 1.

TABLE DES PLANCHES

1° *Pl. I.* Carte représentant le tracé des aqueducs romains, la disposition des sources et l'emplacement des principaux ouvrages. *Voy.* le texte, Chapitres I, II, III, IX et X. Sur la même feuille, plan de Rome, divisé en 14 régions; traits principaux de la distribution. Chapitres III, IV, VII et X.

2° *Pl. II.* Carte en couleur de la vallée de la Vanne. Aqueduc romain de Sens dérivant, trois des sources que possède aujourd'hui la ville de Paris : Saint-Philbert, le miroir de Theil et Noé. Chapitres XII et XIII.

Aqueducs de captation des sources que possède la ville de Paris, dans la vallée de la Vanne : Aqueducs de la Bouillarde, du Bime de Cérilly, des sources des Patures et du Maroy à Chigy. Aqueducs de Saint-Philbert, du miroir de Theil, et de Noé. Aqueduc collecteur. Amorce de l'aqueduc principal.

Machines et pompes destinées à relever les sources. Turbines de Flacy et de la source Gaudin. Usines de Chigy, de la Forge et de Malay-le-Roi.

3° *Pl. III.* Profil en long de l'aqueduc romain de Sens, entre la source de Saint-Philbert et l'entrée de la ville. *Voy.* le texte, Pages 210, 211, 212 et 213.

4° *a* *Gravure* représentant les ruines de l'aqueduc de Patarc en Lycie. Ouvrage cyclopéen de la plus haute antiquité. Siphon en maçonnerie. Pages 15, 226, 227 et 228.

5° *b* *Héliog. I.* 2e Sereine, source de Marcia. Pages 20, 42 et 43.

6° *c* *Héliog. II.* Ruines de Marcia, dans la plaine de Roma-Vecchia, à 5 milles de Rome. Restes de Tepula au-dessus. Pages 45, 46 et 47.

Héliog. IX. Arche de Dolabelle. Au-dessus château d'eau de l'aqueduc de Néron. Pages 54, 55 et 229.

7° *d* *Héliog. III.* Porta-Furba. La Felice. Ruines des arcades et d'un château d'eau de Claudia et d'Anio Novus. Pages 52, 53, 75 et 229.

Héliog. V. Les régions pierreuses de la vallée de l'Anio, point de départ d'Anio Novus. Pages 37, 38, 48 et 49.

8° *e* *Héliog. IV.* Porte majeure. A gauche Claudia surmontée par Anio-Novus, à droite Marcia, au-dessus Tepula et Julia. Pages 46, 47, 52 et 53.

9° *f* *Héliog. VI.* Vallée degli Arci. Ruines des arcades d'Anio-Novus, de Marcia et d'Anio-Vetus. Page 50.

Héliog. XI. Château d'eau du Gordiani. Page 223.

10° *g* *Héliog. VII.* Plaine de Roma-Vacchia, à 5 milles de Rome. Longue file d'arcades de Claudia construites en pierre de taille; au-dessus Anio Novus construit en briques. Pages 51 et 52.

11° *h* *Héliog. VIII.* Même plaine, détails de trois arcades dont deux sont renforcées par des arcs doubleaux en briques. Page 52.

12° *i* *Héliog. X.* Arcs néroniens. Mode de construction intérieure d'une arche. Page 54.

Villa Albani
Porta S. Lorenzo
Vª Regio
IIIª Regio
IIª Regio
Iª Regio
Porta Latina
Bastione di S. Gallo
Porta S. Sebastiano
S. Polo de Cavalieri
TIVOLI
GALLICANO
MARINO
Rocca di Papa
Castel Gandolfo
LÉGENDE
Appia
Anio Vetus
Marcia
Tepula
Julia
Alsietina
Claudia
Anio Novus
Hadriana
Vergine
Felice
Paolo
Pia

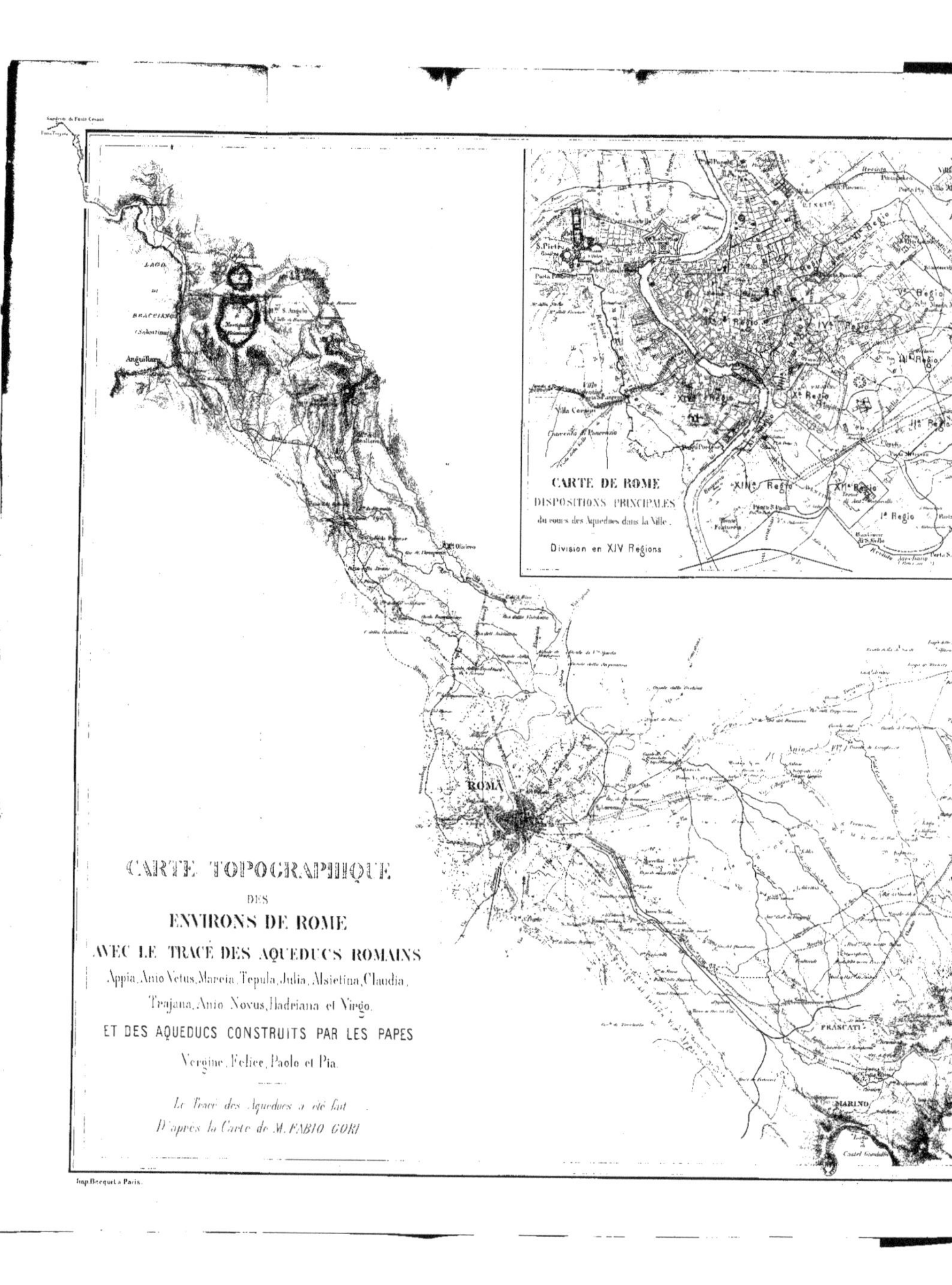
CARTE DE ROME
DISPOSITIONS PRINCIPALES
du cours des Aqueducs dans la Ville.
Division en XIV Régions
ROMA
FRASCATI
MARINO
CARTE TOPOGRAPHIQUE
DES
ENVIRONS DE ROME
AVEC LE TRACÉ DES AQUEDUCS ROMAINS
Appia, Anio Vetus, Marcia, Tepula, Julia, Alsietina, Claudia,
Trajana, Anio Novus, Hadriana et Virgo,
ET DES AQUEDUCS CONSTRUITS PAR LES PAPES
Vergine, Felice, Paolo et Pia.
Le Tracé des Aqueducs a été fait
D'après la Carte de M. FABIO GORI
Imp. Becquet à Paris.

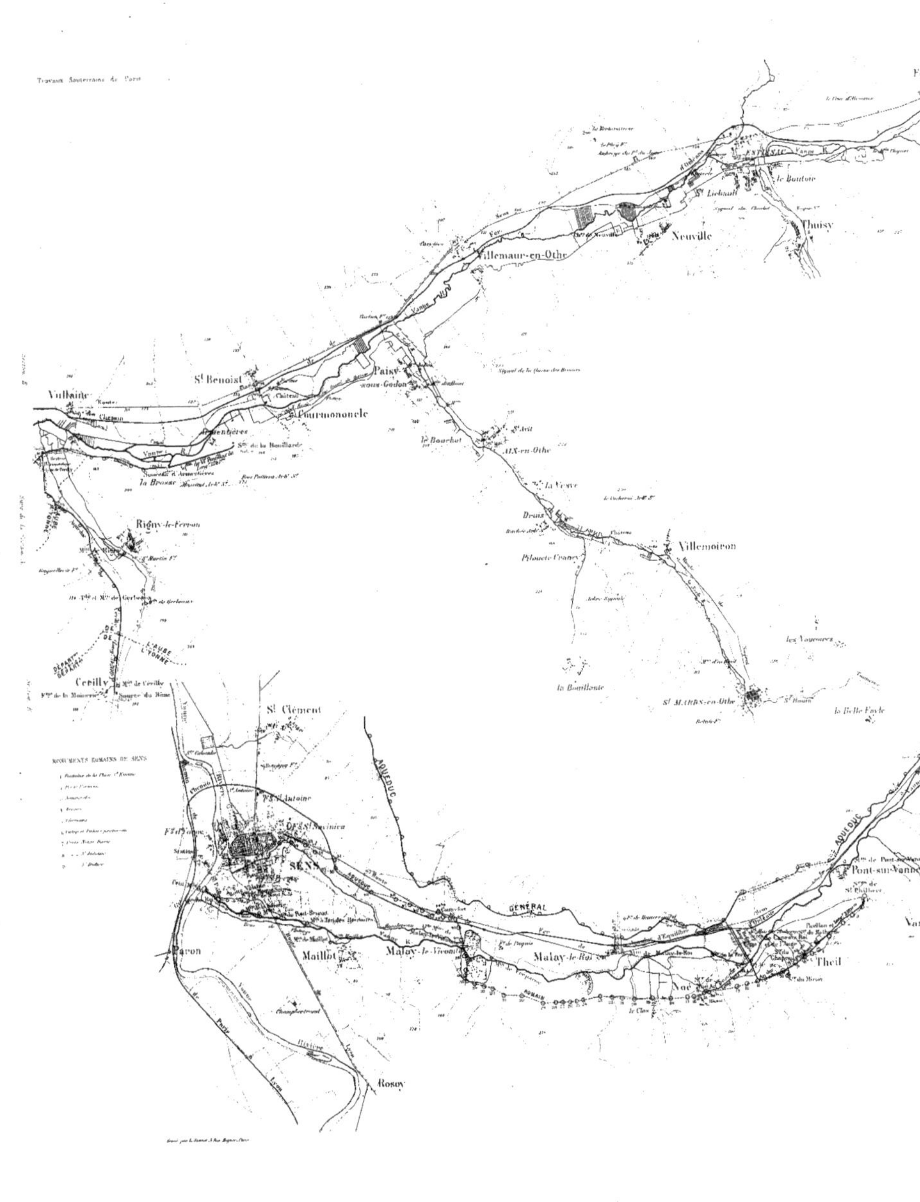

Travaux Souterrains de Paris
Vulaine
St Benoist
Paisy
sous-Gedon
Villemaur-en-Othe
Neuville
St Liébault
Thuisy
Armentières
la Brosse
le Bouchot
AIX-en-Othe
la Vesve
Druis
Villemoiron
les Voyeures
la Bouillouse
St MARDS-en-Othe
Rigny-le-Ferron
Cerilly
Source du Rûne
DÉPARTEMENT DE L'AUBE
DE L'YONNE
St Clément
MONUMENTS ROMAINS DE SENS
SENS
Paron
Maillot
Maloy-le-Vicomte
Malay-le-Roi
Noé
Theil
Pont-sur-Vanne
Varcill
AQUEDUC
AQUEDUC
GÉNÉRAL
Rosoy
le Clos

Pl. II.
Fontvanne
Troyes
Châlons-sur-Marne
Messon
Villecerf
Bucey-en-Othe
Airee
Pouy
Village de Bas
COURGENAY
Lailly
VILLENEUVE-L'Archevêque
Bagneaux
Flacy
Mᶦⁿ de Molinons
Molinons
COLLECTEUR
Foissy
Sᵉˢ des Pâtures
Sᵉˢ du Maroy
Mᶦⁿ de Pont-sur-Vanne
Pont-sur-Vanne
Vareilles
CARTE
DES SOURCES, USINES
ET AUTRES PROPRIÉTÉS
APPARTENANT
A LA VILLE DE PARIS
DANS
LA VALLÉE DE LA VANNE
Les Sources et Usines sont marquées à l'encre rouge.
Source
Aqueduc et regard
Usine
Arcades
Souterrain
Sondes de l'aqueduc romain
Siphon
Délimitation de Départᵗ
id. d'Arrondᵗ et de Commune
Les cotes bleues entre parenthèses indiquent l'altitude de l'eau dans les sources et dans les aqueducs.
Echelle 1/40,000
1000 500 0 1000 2000 3000 4000 5000 M

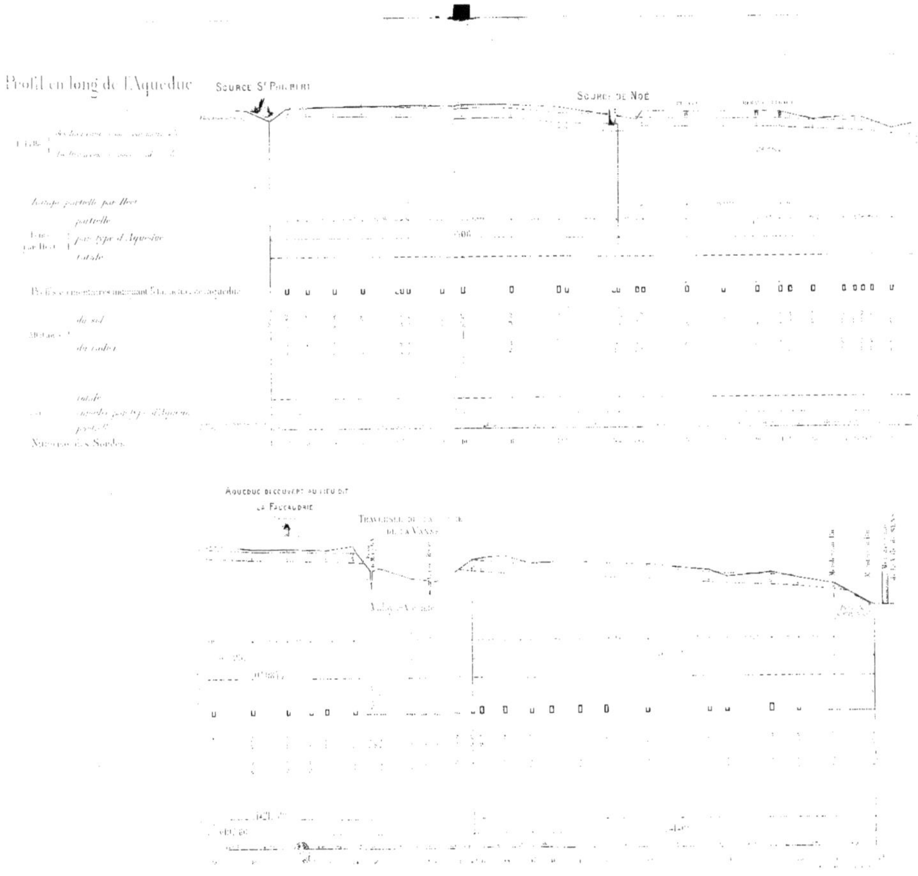

Profil en long de l'Aqueduc

Source de Noé

partielle

par type d'Aqueduc

totale

du sol

du rocher

totale

Numéros des Sondes

Aqueduc découvert au lieu dit la Faucaudrie

AQUEDUCS ROMAINS

[illegible] Source [illegible] en aval d'Agosta, rive droite de l'[illegible]

Tranchée [illegible] l'Aqueduc [illegible]

AQUEDUCS ROMAINS

[illegible]

AQUEDUCS ROMAINS

[illegible] petits matériaux [illegible]
[illegible] à 5 milles de Rome

Heliog Dujardin & Cie

AQUEDUCS ROMAINS

Fratelli Parker — Heliog Dujardin & Cie

AQUEDUCS ROMAINS

AQUEDUCS ROMAINS

HÉLIOGRAV. 20

Héliog. Dujardin & Cie

AQUEDUCS ROMAINS

Thermes du Gordiani, Château d'Eau (240 après J.C.)

HÉLIOGRAV. 21

Phot. Parker

Héliog. Goupil & Cie

AQUEDUCS ROMAINS

Vallée Degli Arci près de Tivoli, Arcade d'Anio Novus.

Tour Médiéval au-dessus

Phot Parker — 8 — Héliog Dujardin

AQUEDUCS ROMAINS

Arcades de Claudia à Roma Vecchia 5 milles de Rome. (Pierre de taille)

Aqueducs Anio Novus (Briques)

Phot. Parker — 5 — Heliog. Drevet

AQUEDUCS ROMAINS

Claudia (Pierre de taille et Arcs doubleaux en briques). Audessus Anio Novus (Briques)

à Roma Vecchia à 5 milles de Rome.

AQUEDUCS ROMAINS

www.ingramcontent.com/pod-product-compliance
Ingram Content Group UK Ltd.
Pitfield, Milton Keynes, MK11 3LW, UK
UKHW020522180726
13839UKWH00005B/2258